Ernst Probst

Die Michelsberger Kultur

Eine Kultur der Jungsteinzeit
vor etwa 4.300 bis 3.500 v. Chr.

Allen Prähistorikern und Prähistorikerinnen gewidmet,
die mich bei meinen Büchern über die Steinzeit unterstützt haben

Impressum:
Die Michelsberger Kultur
1. Auflage als Print-Buch: März 2019
Autor: Ernst Probst
Im See 11, 55246 Mainz-Kostheim
Telefon: 06134/21152
E-Mail: ernst.probst (at) gmx.de
Herstellung: Amazon Distribution GmbH, Leipzig
Alle Rechte vorbehalten
ISBN: 978-1-090-29545-3

Titelfoto und Foto auf Seite 3:
Tongefäße und Mahlstein der Michelsberger Kultur
aus einem Grab bei Hoheneck.
Aus: Carl Schuchardt (1859–1943):
Deutsche Vor- und Frühgeschichte in Bildern, München/Berlin 1936
(via Wikimedia Commons),
Lizenz: gemeinfrei (Public domain)

Ausgrabung im Bereich des Erdwerkes der Michelsberger Kultur in Urmitz am Rhein um 1900. Foto: Historische Aufnahme

Vorwort

Welchen Zweck hatten die mehr als 100 von unterbrochenen Gräben umgebenen Erdwerke von Frankreich bis Tschechien? Waren sie Burgen der Steinzeit, Häuptlingssitze, geschützte Marktplätze, Viehkräle, Kultbauten
oder Versammlungsorte? Warum weisen so viele menschliche
Skelettreste aus der Jungsteinzeit vor etwa 4.300 bis 3.500 v.
Chr. Spuren von roher Gewalt und von Hundebissen auf?
Hat man Leichname von Ackerbauern und Viehzüchtern
damals zunächst ungeschützt und für Tiere zugänglich auf-
gebahrt, bevor man später einzelne Teile der Skelette in Gräben
von Erdwerken deponierte? Weshalb errichtete man in einigen
Gegenden mehrere Erdwerke in geringer Entfernung? Mit
diesen und anderen Fragen befasst sich das Taschenbuch „Die
Michelsberger Kultur" des Wiesbadener Wissenschaftsautors
Ernst Probst. Er hat 1991 das Buch „Deutschland in der
Steinzeit" veröffentlicht, in dem das Leben und Sterben der
Jäger, Fischer und Bauern zwischen Nordseeküste und Alpen-
raum geschildert wurde. 2019, 2020 und 2021 stellte er ein-
zelne Kulturstufen und Kulturen der Steinzeit vor.

*Der Prähistoriker Paul Reinecke (1872–1958)
prägte 1908 den Begriff Michelsberger Kultur.
Foto: Römisch-Germanisches Zentralmuseum Mainz*

Die Michelsberger Kultur

Von etwa 4.300 bis 3.500 v. Chr. existierte in Baden-Württemberg, Bayern, im Saarland, in Rheinland-Pfalz, Hessen, Nordrhein-Westfalen, im südlichen Holland, in Belgien und Nordfrankreich die aus der Rössener Kultur hervorgegangene Michelsberger Kultur. Als ihr Ursprungsgebiet wird das Pariser Becken vermutet. Den Begriff Michelsberger Kultur hat 1908 der Prähistoriker Paul Reinecke (1872–1958) aus München eingeführt. Der Name erinnert an den Michelsberg (eigentlich Michaelsberg) beim Ortsteil Untergrombach von Bruchsal (Kreis Karlsruhe), auf dem sich ein Erdwerk der Michelsberger Kultur befand.

Die Michelsberger Kultur fiel teilweise in das feuchtwarme Atlantikum und teilweise in das kühlere, aber gleichfalls feuchte Subboreal. Im nördlichen Verbreitungsgebiet dieser Kultur konnten sich die Eichenmischwälder auch im Subboreal halten, wobei aber Ulmen und Linden stark zurückgingen, die Erlen dafür an Bedeutung gewannen. Im südlichen Verbreitungsgebiet wurden dagegen die Eichenmischwälder zum Teil schon von den an kühlere Temperaturen besser angepassten Buch- und Tannenwäldern abgelöst.

Schädelreste von mindestens 20 Menschen aus Gräben des Erdwerkes auf dem Altenberg bei Bruchsal-Heidelsheim (Kreis Karlsruhe) in Baden-Württemberg geben Hinweise auf die Lebenserwartung dieser Ackerbauern und Viehzüchter. 30 Prozent davon stammten von Kindern im Alter bis zu 7 Jahren, 20 Prozent von Kindern im Alter zwischen 7 und 14 Jahren, 17 Prozent von Jugendlichen zwischen 14 und 20 Jahren und 33 Prozent von Erwachsenen über 20 Jahren. Auffälligerweise

Prähistoriker Hans Lehner (1865–1938) aus Bonn.
Foto: Porträt aus den 1890er Jahren

überwogen dabei weibliche Skelette. Dass auch die Michelsberger Menschen an Karies litten, belegen zwei von dieser Krankheit betroffene Backenzähne eines Mannes aus Stuttgart-Münster.

Im Verbreitungsgebiet der Michelsberger Kultur sind – laut den Prähistorikern Christian Jeunesse und Ute Seidel – mehr als 100 Erdwerke mit unterbrochenen Gräben bekannt: 96 in Deutschland, die hier natürlich nicht alle beschrieben werden können, 14 in Frankreich, darunter die ältesten im Pariser Becken, neun in Belgien und eines in Tschechien (Stand: 2010). Die ältesten Gräben der Michelsberger Kultur hat man in Noyen (Seine-et-Marne) und in Bazoches-sur-Sesle (Aisne) entdeckt.

Die Erdwerke der Michelsberger Kultur wurden im Laufe der Forschungsgeschichte unterschiedlich gedeutet. Der Prähistoriker Hans Lehner (1865–1938) aus Bonn schrieb ihnen bereits 1917 Festungscharakter zu. Ihm fiel aber auf, dass wegen fehlender Quellen bei einer Belagerung die Wasserversorgung nicht gesichert sei. Lehner war von 1899 bis 1930 Direktor des „Rheinisches Provinzialmuseums" in Bonn. Der Bonner Archäologe Franz Oelmann (1883–1963) und der Bonner Prähistoriker Walter Rest (1912–1942) hielten die Erdwerke 1923 und 1940 für geschützte Marktplätze. Franz Oelmann war von 1930 bis 1949 Direktor des „Rheinischen Landesmuseums Bonn", das bis 1934 „Rheinisches Provinzialmuseum" hieß. Der Stuttgarter Prähistoriker Oscar Paret (1889–1972) betrachtete die Erdwerke als Viehkrale. In den 1960er Jahren spekulierte man über Kultbaue und in den 1990er Jahren über Austausch- und Versammlungsorte. Im Buch „Deutschland in der Steinzeit" (1991) von Ernst Probst war von „Burgen der Steinzeit" die Rede. Der Autor war der damaligen Auffassung gefolgt, Wälle, Gräben, geschützte Lage auf einer Anhöhe

Prähistoriker Christian Jeunesse aus Strasbourg.
Foto: Dr. Christian Jeunesse,
Circonscription des Antiquités d'Alsac, Strasbourg

oder an einem Fluss, Durchlässe (Bastionen), menschliche Skelettreste in Gräben (Gewaltopfer) und verkohlte Holzreste (Palisaden) sprächen für eine Verteidigungsfunktion der Erdwerke. Weil die Erdwerke der Michelsberger Kultur nicht von einem durchgehenden Graben, sondern nur von aneinandergereihten Gruben umgeben waren, können sie nach Ansicht der Prä-historiker Christian Jeunesse und Ute Seidel keine Ver-teidigungsanlagen gewesen sein. Die Beiden hielten 2010 die Michelsberger Erdwerke für Versammlungsplätze kleinerer verstreuter Gemeinschaften. An Häuptlingssitze einer hier-archisch organisierten Gesellschaft glauben sie nicht. Zu den schon seit langem bekannten Erdwerken der Michelsberger Kultur gehört die am rechten Rheinufer von Wiesbaden-Schierstein in Hessen. Dieses nördlich an den Rhein anschließende Erdwerk umschloss mit seinen etwa 1,5 Kilometer langen Umfassungsanlagen ein über 100 Hektar großes Gelände. Dagegen umfassten die meisten Erdwerke der Michelsberger Kultur nur Innenräume von 10 bis 40 Hektar. Einige wenige Anlagen bleiben unter 10 Hektar, von diesen ist das Erdwerk auf dem Schlossberg von Heilbronn-Klingenberg in Baden-Württemberg mit seinen ca. 2,5 Hektar Innenfläche wohl das kleinste.

Zwei parallel verlaufende Sohlgräben in Wiesbaden-Schierstein waren an der Erdoberfläche durchschnittlich 3,50 bis 6 Meter breit, auf der Sohle zwischen 1,10 und 2,45 Meter breit sowie 2,40 bis 2,70 Meter tief. Der innere Sohlgraben hatte eine Toröffnung, die zeitweise durch eine Pfostenwand versperrt war. Die ersten Funde wurden bereits 1894 in der „Ziegelei Dr. Peters" geborgen. Auf einem Plan des Ziegeleibesitzers Dr. Peters vom Anfang des 20. Jahrhunderts sind 20 Michelsberger Gruben, ein Hockergrab und drei Gräber aus der Latènezeit (etwa 450 v. Chr. bis Christi Geburt)

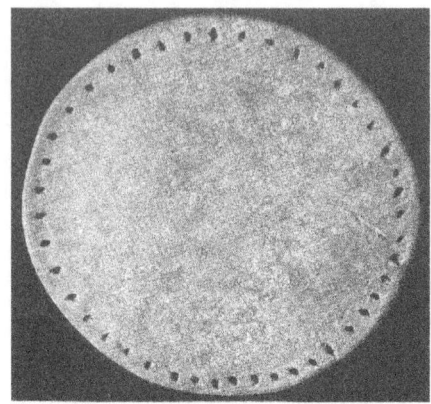

„Backteller"
der Michelsberger Kultur
aus Wackernheim
bei Mainz.
Foto: Landesmuseum
Mainz

Rekonstruktion
eines fragmentarisch
erhaltenen Schöpflöffels
der Michelsberger Kultur
aus Mainz-Kastel
Zeichnung:
Landesamt für Denkmalpflege,
Wiesbaden-Biebrich

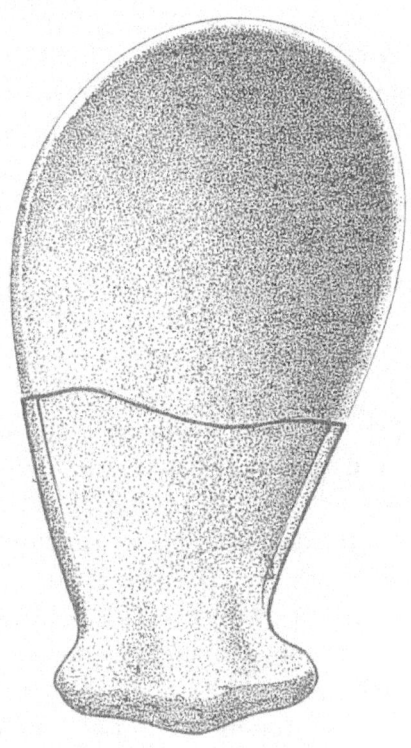

eingezeichnet. Ein Vermessungsplan von E. Brenner und E. Koch von 1913 zeigt den etwa 200 Meter langen Abschnitt auf der Nordostseite der Anlage. Darauf ist ein breiter Durchlass sichtbar, den ein davor liegender Graben schützte. Weitere Entdeckungen glückten ab 1914/1915 in einem 120 Meter langen Grabensystem, das offenbar Teil einer halbkreisförmigen Siedlung gewesen ist. 1933 entdeckte man im Norden der Anlage ein weiteres Teilstück des Grabens. Bei der Untersuchung des fränkischen Gräberfeldes an der Stielstraße nördlich der Eisenbahn wurde ein Spitzgraben auf einer Länge von mehr als 50 Metern angeschnitten, der fast nordsüdlich verlief. Aus den Teilabschnitten ließ sich der ungefähre Verlauf der Anlage rekonstruieren. Demzufolge lehnte sich das Erdwerk mit seinem Grabensystem im Osten halbkreisförmig an das Rheinufer bei der Schiersteiner Brücke. Im Norden erreichte der Graben „in steiler Wendung" das Teilstück an der Stielstraße. Von dort aus überquerte der Graben den Grorother Bach, der wohl die Siedlung mit Wasser versorgte. Dann lief der Graben auf das heutige westliche Hafenbecken zu. Das riesige Erdwerk längs des Rheinufers hatte einen Durchmesser von etwa 1,5 Kilometern. Es lag in der östlichen Hälfte des heutigen Schiersteiner Hafens. Innerhalb des Grabenringes des Schiersteiner Erdwerkes befanden sich zahlreiche Gruben unterschiedlicher Form und Größe, die man als Lehmentnahme-, Vorrats- und Abfallgruben sowie Kochstellen deutet. Pfostenspuren von Hausgrundrissen hat man nicht beobachtet. Zur Michelsberger Keramik in Schierstein gehörten Tulpenbecher, Schöpflöffel, Tonscheiben („Backteller") sowie Flaschen und Schüsseln mit Ösen. Außerdem fand man Geräte aus Stein, Knochen und Geweih, darunter Äxte, Hämmer, Pfrieme, Meißel, Schaber und Klopfsteine.

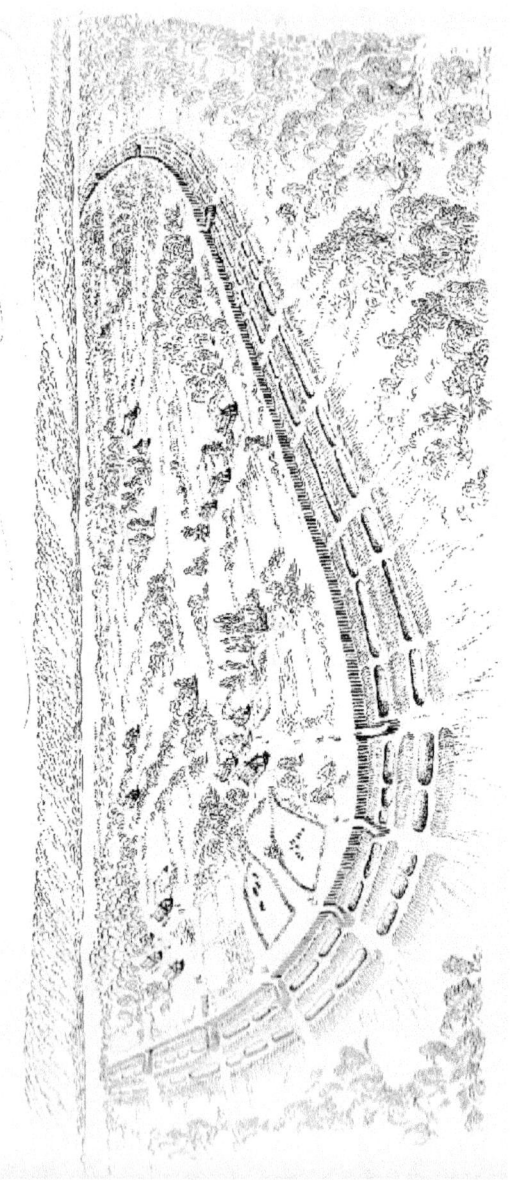

Erdwerk der
Michelsberger Kultur
am linken Rheinufer
bei Urmitz
(Kreis Mayen-Koblenz).
Zeichnung:
Fritz Wendler
(1941–1995)
für das Buch
„Deutschland
in der Stienzeit" (1991)
von Ernst Probst

Eine weiteres Erdwerk der Michelsberger Kultur wurde 1898 durch den Bonner Archäologen Constantin Koenen (1854–1925) am linken Rheinufer bei Urmitz (Kreis Mayen-Koblenz) in Rheinland-Pfalz entdeckt. Dort konnten insgesamt vier Bau- und Benutzungsphasen nachgewiesen werden. In der ersten und ältesten Phase war die Anlage nur von einer Palisade umgeben. In der zweiten Phase wurde sie von einer Palisade und einem Graben geschützt, in der dritten Phase nur von einem Graben und in der vierten und letzten Phase von zwei Gräben. Dieses Erdwerk hatte halbkreisförmige Gestalt und wies riesige Ausmaße auf. Die Länge am Rhein betrug etwa 1.275 Meter, die Breite ungefähr 840 Meter. Der äußerste der beiden Gräben der letzten Phase erreichte eine Länge von rund 2.550 Metern. Insgesamt wurde eine Fläche von etwa 100 Hektar umfriedet. Die Gräben hatten schräg verlaufende Wände. Sie waren oben 6,50 bis 10 Meter und unten 4 bis 5 Meter breit sowie 1,70 bis 2,30 Meter tief. Der Abstand zwischen beiden Gräben betrug 7 bis 20 Meter. Diese Gräben wurden durch zahlreiche Erd- brücken unterbrochen, die als Zugänge ins Innere der Anlage dienten. Der äußere Graben hatte schätzungsweise 21 solcher Zugänge bzw. Tordurchlässe. Für den inneren Graben nimmt man sogar doppelt so viel Zugänge an.

Zu den seit etlichen Jahrzehnten bekannten Anlagen zählt auch das im Herbst 1907 von dem bereits erwähnten Archäologen Hans Lehner in Mayen (Kreis Mayen-Koblenz) entdeckte Erd-werk. Lehner besichtigte zuvor die Sammlung des „Altertums- und Geschichtsvereins Mayen". Dabei fielen ihm Tonscherben auf, die mit den Gefäßtypen verwandt sind, die in großer Zahl bei dem Erdwerk von Urmitz gefunden worden waren. Er besichtigte die Fundstelle in Nähe des Ostbahnhofs von Mayen und entdeckte in der dortigen

Sandgrube Reste eines langen, schmalen Streifens Erde von 4 bis 5 Meter Breite ohne den grauen vulkanischen Sand, der zur Mörtelbereitung abgebaut wurden. Zu beiden Seiten war der vulkanische Sand entfernt worden. Ein Querschnitt durch den stehen gebliebenen Erdstreifen zeigte, dass es sich um einen alten, breiten und tiefen Graben handelte, der im Laufe der Zeit mit vermischtem Boden zugefüllt worden war. Die Sandgrubenarbeiter hatten überall dort nicht gegraben, wo sie an den Rand des Grabens gelangten. Die erste Ausgrabung begann im Oktober 1907 und wurde im Dezember fortgesetzt. Weitere Ausgrabungen folgten im April und Mai 1908 sowie im April und Mai 1909. Im März 1910 gab es eine Notgrabung. Das Erdwerk in Mayen war etwa 360 Meter lang, rund 200 Meter breit und wurde von einem Graben umgeben. Der Graben erreichte oben eine Breite von 3,50 bis 6,30 Metern, unten von 1,40 bis 3,40 Metern und reichte 1,20 bis 2,60 Meter tief in den Boden. Teilweise fielen die Grabenwände sehr steil ab. Auf der Außen- und Innenseite des Grabens hatte man aus dem Erdaushub niedrige Wälle geschaffen. Der Graben wurde an mindestens elf Stellen durch dammartige Erdbrücken bzw. Tordurchlässe von fünf bis zehn Meter Breite unterbrochen, die mit Holzbalken verbarrikadiert waren. Manche Experten schätzen, dass es insgesamt 17 solcher Zugänge gab. In einem Abstand von 25 Metern hinter dem Graben schloss sich eine Palisade an.

Außerdem gab es Erdwerke der Michelsberger Kultur in Hessen bei Felsberg-Wolfershausen und bei Wabern-Uttershausen (Schwalm-Eder-Kreis) sowie in Edertal-Bergheim (Kreis Waldeck-Frankenberg), in Nordrhein-Westfalen unter anderem in Swistal-Miel (Kreis Bonn) sowie Inden und Koslar auf der Aldenhovener Platte (Kreis Düren). Das Erdwerk Felsberg-Wolfershausen wurde 1986 entdeckt und vom „Landesamt für Denkmalpflege Hessen", Außenstelle Marburg, teilweise untersucht. Dabei kam ein U-förmiger Graben zum Vorschein. Auf das Erdwerk Wabern-Uttershausen stieß 1982 der Archäologe Dietwulf Baatz aus Bad Homburg vor der Höhe. Es wurde 1986 durch das „Landesamt für Denkmalpflege", Außenstelle Marburg, untersucht. Hierbei stellte man Spitzgräben fest. In Edertal-Bergheim wurden 1964 bei der Erschließung eines Neubaugebietes Grabenspuren angeschnitten. Der Wiesbadener Geologe Jens Kulick barg 1964/1965 erste Funde. Weitere Funde glückten 1966 dem Buchhändler und Heimatpfleger von Bad Wildungen, Rudolf Lorenz (1906–1979). 1967 untersuchte der Kölner Prähistoriker Jens Lüning die Fundstelle und 1977 der Kölner Prähistoriker Jörg Eckert. Die Fundstelle Swistal-Miel wurde 1919 bei Baggerarbeiten für die Neubaustrecke der Eisenbahnlinie Rheinbach-Liblar entdeckt. Das Erdwerk Inden 9 hat man im Spätherbst 1973 entdeckt und 1974 ausgegraben. Das Erdwerk von Koslar wurde 1977 erstmals untersucht und von 1979 bis 1981 von Jörg Eckert ausgegraben.

Die Entdeckungsgeschichte des Erdwerkes auf dem Michelsberg bei Untergrombach begann bereits 1884, als der Wiesbadener Konservator Carl August von Cohausen (1812–1894) dort einige Keramikreste fand, die er an die Karlsruher Sammlungen schickte. Weitere Grabungen erfolgten 1888/1889 durch den Karlsruher Altertumsverein und 1897/1898 durch den damaligen Leiter der „Großherzoglichen Sammlungen Karlsruhe", Karl Schumacher (1860–1934). Letzterer wirkte von 1887 bis 1901 an den „Großherzoglichen Sammlungen" in Karlsruhe. Von 1901 bis 1926 war er Direktor des „Römisch-Germanischen Zentralmuseums Mainz". Zu weiteren Untersuchungen auf dem Michelsberg kam es durch den Karlsruher Ingenieur Albrecht Bonnet (1861–1900). Wegen einer Flurbe-

Wiesbadener Konservator
Carl August von Cohausen (1812–1894).
Foto: Aufnahme vor 1894
(via Wikimedia Commons),
Lizenz: gemeinfrei (Public domain)

reinigung gab es zwischen 1950 und 1962 erneute Grabungen. Der Michelsberg bei Untergrombach ist ein am Rand des Rheintales 274 Meter hoch aufragender Berg. Das darauf angelegte Erdwerk erstreckte sich auf einer Fläche von etwa 400 mal 250 Metern. Es wurde von einem 5 bis 6 Meter breiten Graben geschützt, der sich auf 720 Meter Länge verfolgen ließ. Hinter dem Graben hatte man eine Palisade als zusätzliches Hindernis aufgerichtet. Wie bei anderen Erdwerken der Michelsberger Kultur war auch hier der Graben durch Erdbrücken unterbrochen, welche die Funktion von Zugängen hatten. Im Inneren des Erdwerkes auf dem Michelsberg stieß man auf mehr als 100 Siedlungsgruben. Dort hatten Michelsberger Leute in Holzbauten mit Lehmverputz gewohnt. Steile Abhänge boten der Siedlung auf drei Seiten natürlichen Schutz. Es gibt keine Spuren einer Zerstörung und auch keine einer gewaltsamer Tötung. Es wird spekuliert, ob es damals eine Klimaveränderung mit lang anhaltender Trockenheit gab. Als Folge davon hätten sich Rheinarme vom Michelsberg zurückziehen können. Menschen und Tiere hätten damit ihre Wasserquellen verloren.

Etwa fünf Kilometer vom Erdwerk auf dem Michelsberg bei Bruchsal-Untergrombach entfernt liegt das 1986 auf Luftbildern entdeckte Erdwerk Bruchsal-Aue (Kreis Karlsruhe). Das bogenförmige Grabensystem wurde von 1987 bis 1993 durch den Karlsruher Archäologen Rolf-Heiner Behrends auf 1.200 Meter Länge untersucht. Nach ungefähr 500 Jahren bestand jenes Erdwerk aus zwei Gräben und einem am äußeren Graben ansetzenden Quergraben. Den Südteil hat im 19. Jahrhundert ein Steinbruch zerstört. In Gräben des Erdwerks Bruchsal-Aue fand man Skelettreste von Menschen und Tieren, Holzreste, Steine von Verbauungen sowie Geräte aus Stein und Knochen. Zwei Dutzend Hornzapfen mit

Rekonstruktion eines Kuppelbackofens
der Michelsberger Kultur auf dem Michelsberg (Michaelsberg)
bei Bruchsal-Untergrombach.
Foto: StromBer / CC-BY-3.0 (via Wikimedia Commons),
lizensiert unter CreativeCommons-Lizenz by-3.0-en,
https://creativecommons.org/licenses/by/3.0/legalcode

anhaftenden Schädelfragmenten von Auerochsen könnten als Trophäen an der Umfassung des Erdwerkes aufgestellt gewesen sein.

Nur noch fragmentarisch erhalten geblieben sind die benachbarten Erdwerke Bruchsal-Heidelsheim (1951), auch Bruchsal-Altenberg genannt, und Bruchsal-Scheelkopf (1983). Konzentrationen von Erdwerken wie in der Gegend von Bruchsal gab es auch anderswo. In der Nähe von Heilbronn befanden sich die Erdwerke auf dem Hetzenberg bei Neckarsulm-Obereisesheim, Ilsfeld-Ebene und auf dem Schlossberg bei Heilbronn-Klingenberg. Im rheinischen Braunkohlenrevier lagen die Erdwerke Koslar 10, Inden 9, Lich-Steinstraße und Jülich.

Bei der Anlage von Erdwerken nutzten die Menschen der Michelsberger Kultur bewusst die jeweiligen natürlichen Gegebenheiten. So riegelten sie beispielsweise auf dem Schlossberg von Heilbronn-Klingenberg in Baden-Württemberg nur den zugänglichen Teil durch ein doppeltes Grabensystem gegen Westen ab, während man auf den steil abfallenden Seiten auf Gräben verzichtete. Die beiden Gräben umschlossen eine Fläche von mindesten zwei Hektar. Jeder dieser Gräben war einst wohl vier Meter tief und wurde durch etwa sechs Meter breite Erdbrücken unterbrochen. Im Inneren dieses Erdwerkes konnte man zwar keine Häuser, dafür aber runde Kellergruben bis zu zwei Meter Tiefe feststellen, die nach Aufgabe ihrer ursprünglichen Funktion als Abfallplätze dienten.

Das Erdwerk auf dem Schlossberg von Heilbronn-Klingenberg wurde 1980 durch den Spezialisten für archäologische Flugprospektion Otto Braasch aus Schwäbisch-Gmünd entdeckt. Der frühere Oberstleutnant der Bundesluftwaffe kam 1974 in seiner Freizeit zur Luftbildarchäologie und nahm 1980 seinen Abschied, um hauptberuflich für die Bodendenk-

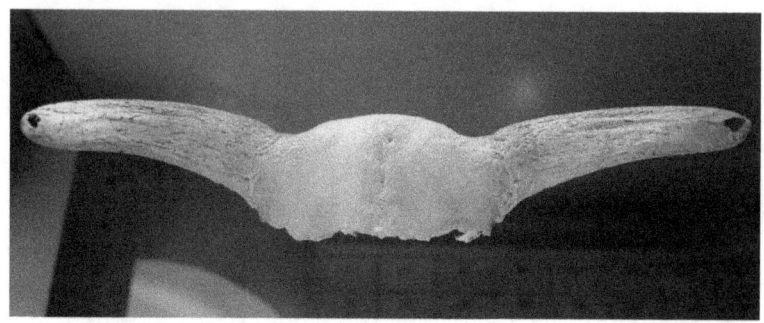

Fragment eines Rinderschädels vom Erdwerk auf dem Schlossberg von Heilbronn-Klingenberg in Baden-Württemberg.
Foto: Einsamer Schütze / CC-BY-SA4.0 (via Wikimedia Commons),

malpflege in Bayern zu arbeiten. Dort hat er bis Ende 1988 Tausende neuer Fundstellen entdeckt und über 420.000 Luftbilder aufgenommen. Ab 1989 flog Braasch für die Landesarchäologie in Baden-Württemberg.

Auf dem Goldberg bei Riesbürg (Ostalbkreis) in Baden-Württemberg schützte man die leicht zugängliche Westseite durch einen Graben und zwei Meter dahinter mit einer Palisade. Das Ausheben dieses Grabens dürfte mit großer Mühe verbunden gewesen sein, weil er über eine Strecke von etwa 100 Metern tief in den Fels gehauen werden musste. Dieses in der Fachliteratur als Goldberg I bezeichnete Michelsberger Erdwerk ging durch einen Brand zugrunde. Vielleicht brach das Feuer infolge eines Überfalles aus.

Auch in Hessen entdeckte man Erdwerke der Michelsberger Kultur. In Südhessen konnte auf dem Kapellenberg von Hofheim (Main-Taunus-Kreis) der Nachweis für ein Erdwerk erbracht werden. Auf dieses Erdwerk wurde als erster der Prähistoriker Carl August von Cohausen aus Wiesbaden aufmerksam. Er hat es 1888 bekannt gemacht. Auffällig viele Erdwerke waren in Nordhessen konzentriert. Beispielsweise auf dem Bilstein von Besse, auf dem Büraberg bei Fritzlar, auf dem Lamsberg von Gudensberg (alle im Schwalm-Eder-Kreis) sowie auf der Altenburg bei Niedenstein, dem Burgberg von Großenritte und dem Dörnberg bei Zierenberg (alle im Kreis Kassel). Manche dieser Berge hatten steil abfallende Hänge, an denen keine Angriffe möglich waren. Auf dem Bilstein fand der Rektor und Kreispfleger Rudolf Haarberg aus Kassel Siedlungsspuren wie Michelsberger Scherben, darunter Bruchstück von „Backtellern" und Pfeilspitzen.

Auf dem Büraberg grub 1926 der Fuldaer Prähistoriker Joseph Vonderau (1863–1951). Er wirkte 43 Jahre lang, zuletzt als Rektor, an der Domschule. Ab 1967 fanden auf dem Büraberg

*Abgesperrter Südabfall des Goldbergs bei Riesbürg (Ostalbkreis)
in Baden-Württemberg.*
*Foto: Kreuzschnabel / CC-BY-SA3.0 (via Wikimedia Commons),
lizensiert unter CreativeCommons-Lizenz by-sa-3.0,
https://creativecommons.org/licenses/by-sa/3.0/legalcode*

von der „Deutschen Forschungsgemeinschaft" finanzierte Ausgrabungen statt. Dabei wurden Siedlungsreste der Michelsberger Kultur festgestellt. Auf dem vom Basaltsteinbruch fast vollständig abgebauten Gipfel des Lamsberges entdeckte 1960 der Pfleger Conrad Hohmann aus Maden erstmals Siedlungsspuren der Michelsberger Kultur wie Keramikreste und Artfakte. Das Erdwerk auf der Altenburg bei Niedenstein wurde durch den Braunschweiger Archäologen Hermann Hofmeister (1878–1936) ausgegraben. Auf dem Burgberg bei Großenritte entdeckte Rudolf Haarberg in den 1950er Jahren wiederholt Tonscherben und Feuersteinartefakte, die darauf hinwiesen, dass dieser Berg schon in der Jungsteinzeit besiedelt war. Auf dem Dörnberg bei Zierenberg entdeckte 1955 Rudolf Haarberg bei eine Probegrabung zahlreiche Michelsberger Scherben und zwei Pfeilspitzen.

In Nordrhein-Westfalen hat man 1986 in Bonn auf dem Venusberg in Richtung Universitätskliniken ein Erdwerk entdeckt. Dort riegelten Michelsberger Leute durch einen breiten Graben mit dahinter liegendem Erdwall und Palisaden an dessen Frontseite einen nach Norden vorspringenden Bergsporn ab. Auch hier erlaubten Erdbrücken im Graben den Zugang ins Innere der Anlage. Das Erdwerk auf dem Venusberg ist 1882 durch den General Carl von Veith (1818–1892) aus Bonn erstmals kartographisch erfasst und wegen in der Nähe befindlicher Geschützstellungen in die Zeit nach 1695 datiert worden. 1986/1987 wurde das Gelände im Zuge von Recherchen für die 2000-Jahrfeier der Stadt Bonn durch den Prähistoriker Michael Fechter aus Bonn untersucht. Dabei erkannte man, dass es sich um ein Erdwerk der Michelsberger Kultur handelte.

In Niedersachsen lässt sich die Beusterburg im Hildesheimer Wald als Beispiel eines Erdwerkes anführen. Auf dem Ende eines Bergrückens, der von zwei Bachtälern begrenzt ist, befand sich das Erdwerk mit dem 6 bis 7 Meter breiten und unterschiedlich tiefen Graben, an den sich ein Wall anschloss. 1,50 bis 3 Meter dahinter folgte eine Palisadenreihe. Der Graben wurde durch Erdbrücken unterbrochen. Im Wall und in der Palisadenreihe gab es mindestens 20 schmale Durchschlüpfe und Eingänge. Das Erdwerk Beusterbug wurde 1933 und 1935/ 1936 durch den Prähistoriker Kurt Tackenberg (1899–1992) untersucht, der ab 1929 in Hannover und seit 1934 in Leipzig wirkte.

Da innerhalb der Michelsberger Erdwerke nur selten Siedlungsspuren entdeckt wurden, ist es denkbar, dass diese vielleicht nur bei Gefahr als Zufluchtsstätte für die Menschen in ihrem Umkreis dienten. Bei einem befürchteten Angriff zogen sich Frauen und Kinder womöglich zusammen mit dem Vieh hinter die Palisade zurück. Bei Großanlagen wie in Wiesbaden-Schierstein konnten die vielen über Erdbrücken zugänglichen Einlässe allerdings unmöglich alle gleichzeitig verteidigt werden.

Wie groß die Häuser der Michelsberger Leute gewesen sind, zeigten die Ausgrabungen auf dem Gelände der Limburg bei Weilheim an der Teck (Kreis Esslingen) in Baden-Württemberg. Dort stellte man Grundrisse von vier kleinen rechteckigen Behausungen fest, die nicht größer als 8 mal 6 Meter waren. Man hatte sie in Pfostenbautechnik errichtet und jeweils mit einer eingetieften Kellergrube ausgestattet.

Zu den Michelsberger Siedlungen gehörten Vorratsgruben, in denen man meist das geerntete Getreide aufbewahrte. Damit die Grubenwände nicht einstürzten, verkleidete man sie unter anderem mit Flechtwerk. Dies war in Mainz-Hechtsheim in Rheinland-Pfalz der Fall. Eine dieser Gruben hatte einen Durchmesser von etwa 1,50 Meter. Sie reichte 1,50 Meter tief in den Boden und besaß eine Flechtwerkwand mit Lehmverputz. Mitunter haben die Michelsberger Leute auch Höhlen kurzfristig als Unterschlupf benutzt. Darauf deuten Michelsberger Keramikfunde aus der Baumannshöhle bei Rübeland (Kreis Wernigerode) in Sachsen-Anhalt hin. Vielleicht nutzte man Höhlen auch als Raststätten bei Wanderungen oder als Verstecke in kriegerischen Zeiten.

Die Michelsberger Ackerbauern bauten Getreide an und verarbeiteten die Ernte zu unterschiedlichen Nahrungsmitteln. Auf den Anbau von Getreide verweisen unter anderem Abdrücke von Getreidekörnern in Tongefäßen, Häcksel im Hüttenlehm sowie zahlreiche Mahlsteinfunde. Nach den auffällig vielen Tierknochenfunden in den Siedlungen zu schließen, hielt man vor allem Rinder und Schweine. In der Michelsberger Siedlung auf dem Tuniberg bei Munzingen (Kreis Freiburg) in Baden-Württemberg betrug der Anteil der Rinderknochen 53 Prozent und derjenige der Schweine 32 Prozent. Die übrigen 15 Prozent entfielen auf Ziegen oder Schafe und Hunde.

Auf dem Speisezettel der Michelsberger Leute standen Grützbrei und Fladenbrot aus Getreidekörnern und -mehl, aber auch das Fleisch geschlachteter Haustiere. Saisonal bereicherten essbare Früchte, Beeren, Kräuter und Samen sowie Wildbret die Ernährung. Dabei spielte die Jagd im Leben der Michelsberger Menschen allerdings nur eine geringe Rolle. Belegt ist sie unter anderem durch Knochenfunde vom Rothirsch und Fuchs auf dem Michelsberg. Die Tiere wurden wahrscheinlich mit Pfeil und Bogen erlegt.

Die Angehörigen der Michelsberger Kultur hatten Kontakte mit Menschen anderer Kulturen. Auf Tauschgeschäfte und Fernverbindungen weist vielfach das Vorkommen belgischen

*Abau von Feuerstein zur Zeit der Michelsberger Kultur
am Louisberg in Aachen in Nordrhein-Westfalen.
Zeichnung: Fritz Wendler (1941–1995) für das Buch
„Deutschland in der Steinzeit" (1991) von Ernst Probst*

Feuersteins an deutschen Fundorten hin. Solchen Rohstoff entdeckte man unter anderem in Bochum in Nordrhein-Westfalen, in Kollig (Kreis Mayen-Koblenz) und in Altenbamberg (Donnersbergkreis) in Rheinland-Pfalz sowie im Ortsteil Harb von Nidda (Wetteraukreis) in Hessen.

Belgischer Feuerstein wurde vor allem in Spiennes in der Provinz Hainaut unterirdisch gewonnen, wo ein etwa 60 Hektar großes Abbaugebiet mit zahlreichen Schächten bekannt ist. Die Schächte hatten einen auffällig geringen Durchmesser von nur einem Meter und reichten mitunter bis zu 20 Meter weit in den Berg.

Qualitativ hochwertiger Feuerstein wurde zur Zeit der Michelsberger Kultur auch in Deutschland bergmännisch abgebaut. Und zwar auf dem Louisberg in Aachen in Nordrhein-Westfalen, in Kleinkrems (Kreis Lörrach) in Baden-Württemberg und in Baiersdorf (Kreis Kelheim) in Bayern. Auch von dorther haben die Menschen der Michelsberger Kultur teilweise Rohmaterial für Feuersteingeräte bezogen.

Die Michelsberger Männer und Frauen trugen unter anderem durchbohrte Tierzähne, zylindrische, längs durchbohrte Tonperlen und durchlochte Muschelschalen an Halsketten. Ein jugendlicher Toter aus einem Grab in Heidelberg-Handschuhsheim (Rhein-Neckar-Kreis) besaß eine Halskette, auf der um einen durchbohrten spitzen Stein neun durchlochte tierische Fangzähne aufgereiht waren, die unter anderem vom Wildschwein und vom Hund stammten.

Bisher kennt man keine Kunstwerke der Michelsberger Kultur. Tönerne Gefäße oder Figuren in Menschengestalt waren diesen Menschen offenbar fremd.

Die Keramik der Michelsberger Kultur umfasste eine verwirrende Vielfalt von Formen. Als besonders typische Tongefäße gelten Tulpenbecher, Schöpflöffel und tellerförmige

Tulpenbecher der Michelsberger Kultur
im Württembergischen Landesmuseum Stuttgart.
Foto: Anagoria / CC-BY3.0 (via Wikimedia Commons,
lizensiert unter CreativeCommons-Lizenz by-3.0,
https://creativecommons.org/licenses/by/3.0/legalcode

Scheiben. Außerdem gab es Flaschen, Krüge, Schüsseln und Schalen. Viele der Michelsberger Tongefäße hatten runde Böden und konnten deshalb nicht ohne besondere Vorrichtung stehen, vermutlich mussten sie mit Schnüren aufgehängt werden. Die Tulpenbecher ähneln Blütenkelchen von Tulpen oder umgekehrten Glocken. Bei den schlanken Bechern mit einer trichterförmigen weiten Mündung handelte es sich wohl im Trinkgefäße. Schöpfkellen hatten häufig eine ovale Grundform mit einem an einer Seite hochgezogenen Grifflappen. Tellerförmige Scheiben deutete man als Unterlagen zum Backen von Brotfladen (deshalb „Backteller"). Es könnten aber auch Essteller, Gefäßdeckel oder Untersetzer zum Formen von Tongefäßen gewesen sein. Die Michelsberger Töpfer bauten ihre Tongefäße frei mit der Hand überwiegend aus Wülsten auf. Nur ein Teil der kleinen Schalen scheint aus einem einzigen Tonklumpen geformt worden zu sein. Wie die Verstrichspuren zeigen, wurden die Wände anschließend sorgfältig mit den Fingern geplättet. Die Feinkeramik blieb im allgemeinen unverziert. Großkeramik bewarf man mit Tonschlick, um die Oberfläche aufzurauen, außerdem tupfte man die Randleisten. Die Tongefäße hat man im Töpferofen gebrannt. Letztere legte man auch unterirdisch an, wie ein Fund in Ludwigsburg-Hoheneck in Baden-Württemberg beweist. Farbreste an zwei der in der Baumannshöhle entdeckten Tongefäße lassen darauf schließen, dass die Keramik in seltenen Fällen auch bemalt worden ist. Die Michelsberger Leute fertigten ihre Geräte vor allem aus Feuerstein und Felsgestein und nur selten aus Knochen an. Aus Feuerstein oder Felsgestein schliffen sie beispielsweise keine trapezförmige oder dreieckige Beilklingen, die an Holzschäften befestigt wurden. Mitunter setzte man solche

Pfeilspitze der Michelsberger Kultur im Landesmuseum Württemberg.
Foto: Einsamer Schütze / CC-BY-SA4.0 (via Wikimedia Commons),
lizensiert unter CreativeCommons-Lizenz by-sa-4.0-de,
https://creativecommons.org/licenses/by-sa/4.0/legalcode

Beilklingen auch in Hirschgeweihstücke ein, die als Zwischenfutter zwischen der Klinge und dem Holzschaft dienten. Außerdem fand man Unterlieger und Läufer zum Mahlen von Getreidekörnern. Von den brotlaibförmigen Mahlsteinen am Fundort Kollig hatte man zwei aus Basaltlava und einen aus Sandstein hergestellt.

Viele Prähistoriker betrachten die Michelsberger Kultur als eine das Kupfer ablehnende Kultur.

Im Buch „Deutschland in der Steinzeit" (1991) von Ernst Probst hieß es. „Eine spitznackige Beilklinge aus Kupfer von Baunatal (Kreis Kassel) soll der Michelsberger Kultur angehören, sonst ließen sich keine Metallobjekte für diese Kultur nachweisen. Falls dieser Fund tatsächlich aus dieser Zeit stammt, dürfte es sich um Importware aus Südosteuropa handeln." Später kam im Erdwerk von Bruchsal-Aue ein Kupferring zum Vorschein.

Die Herstellung und Verwendung von Pfeil und Bogen wird durch flächig retuschierte Pfeilspitzen aus Feuerstein belegt. Von den hölzernen Bogen und den Pfeilschäften fand man keine Reste.

Die Michelsberger Leute bestatteten ihre Verstorbenen unverbrannt oder verbrannt, vollständig oder unvollständig, in Gruben, breiten oder schmalen Gräben, Gräbern oder in Höhlen. Die Beigaben für die Toten belegen den Glauben an ein Weiterleben im Jenseits.

Der damals in Köln arbeitende Prähistoriker Jens Lüning, der in Heidelberg über die Michelsberger Kultur promovierte, beschrieb 1967 sechs verschiedene Fundarten menschlicher Skelettreste der Michelsberger Kultur:

vollständige und im Verband befindliche Skelette in Gruben,

unvollständige oder nicht im Verband befindliche Skelettreste in Gruben,

Skelettreste in Sohlgräben,
Skelettreste in schmalen Gräben,
Skelettreste in Höhlen,
verbrannte Skelettreste.

In vielen Erdwerken der Michelsberger Kultur hat man menschliche Skelettreste mit Spuren roher Gewalt und Hundeverbissen entdeckt. „Regelmäßige Bestattungen sind für die Michelsberger Kultur eine echte Rarität", erklärte 1999 der Konstanzer Anthropologe Joachim Wahl. Brandspuren erkannte man an fünf Menschenknochen vom Michelsberg bei Bruchsal-Untergrombach, an drei Knochenbruchstücken vom Hetzenberg bei Neckarsulm-Obereisesheim und an einem Knochen vom Altenberg bei Bruchsal-Heidelsheim, alle in Baden-Württemberg.

In Heidelberg-Handschuhsheim hat man in einer Lehmentnahmegrube drei Erwachsene (zwei Männer, eine Frau), einen Jugendlichen und zwei Kleinkinder zur letzten Ruhe gebettet. Diese sechs Menschen sind erschlagen worden. Ihre Beine waren zum Körper hin angezogen. Die Gesichter der Erwachsenen blickten nach Süden. Die Toten scheinen aufgrund der eng zusammengezogenen Unterschenkel an den Beinen gefesselt gewesen zu sein. Dies vermutet man auch bei einer Männerbestattung in Jechtingen (Kreis Emmendingen) in Baden-Württemberg. Wenn es sich hierbei um Fesselungen handelt, so erfolgten diese vielleicht aus Furcht vor der Wiederkehr der Toten. Bei den Toten von Heidelberg-Handschuhsheim sorgte man sich dagegen um deren Wohlergehen im Jenseits, da man ihnen etwa 50 Tongefäße als Ess- und Trinkgeschirr ins Grab legte. Die Bestattungen von Heidelberg-Handschuhsheim wurden 1985 beim Ausheben von Wasserleitungsgräben für eine Kleingartenanlage entdeckt und durch Mitarbeiter des „Kurpfälzischen Museums Heidelberg" geborgen.

Im Erdwerk Bruchsal-Aue entdeckte man sechs Einzel-
bestattungen sowie zwei Mehrfachbestattungen. Bei einer
Mehrfachbestattung in Grab 1 handelte es sich um insgesamt
neun Personen. Auf einer Ebene um einen älteren Mann hatte
man sechs Kinder gruppiert. Darunter befand sich ein weiterer
Mann und zuoberst noch ein Kind. In Grab 5 lagen eine Frau
und zwei Kinder. Ein 25 bis 30 Jahre alter Mann in Bruchsal-
Aue war durch einen Keulenschlag oder einen Schleuderstein
ums Leben gekommen. Schnittspuren am Schädel einer jungen
Frau in Bruchsal-Aue könnten vom abgebrochenen Versuch,
eine Schädelschale herzustellen, einer Skalpierung oder einer
anderen Manipulation stammen.
Makabre Szenen spielten sich auch auf dem Hetzenberg in
Neckarsulm-Obereisesheim ab. Dort hatten einige bestattete
Kleinkinder auffällige Defekte auf der rechten Schädelseite.
Ein Kleinkind hatte drei Hiebe mit einem Steinbeil erlitten,
was rasch zum Tod führte. Ein anderes Kleinkind starb nach
einem Schlag mit „einem mäßig scharfkantigen Gegenstand".
Und ein weiteres Kleinkind wurde an der Schläfe von zwei
Hieben getroffen. Es ist ungewiss, ob diese tödlichen
Verletzungen bei einem Kampf oder bei einer Opferhandlung
erfolgten. Einem zwei bis drei Jahre alten Kleinkind auf dem
Hetzenberg hatte man den Kopf abgetrennt. Das Motiv hierfür
ist unbekannt. Bei einer erwachsenen Frau auf dem Hetzenberg
wurde der Unterkiefer „ausgelöst" und anschließend als Zier-,
Kult- oder Gebrauchsgegenstand verwendet. Womöglich diente
der Unterkiefer als Hals- oder Armschmuck. Ein Schädel-
dachfragment eines jungen Mannes auf dem Hetzenberg wies
zwei Durchbohrungen auf. Vielleicht wurde es als Deko-
rationsgegenstand oder Trophäe aufgehängt oder jemand hat
sich damit geschmückt. Ein 13 mal 7 Zentimeter großes
Schädeldachbruchstück einer 40 bis 50 Jahre alten Frau auf

Eingang zur Jungfernhöhle bei Tiefenellern (Kreis Bamberg)
in Bayern. Diese Höhle war auch zur Zeit der Michelsberger Kultur
ein Schauplatz kultischer Handlungen.
Foto: reinhold möller / CC-BY-SA3.0 (via Wikimedia Commons),
lizensiert unter CreativeCommons-Lizenz by-sa-3.0-de,
https://creativecommons.org/licenses/by-sa/3.0/legalcode

dem Hetzenberg weist Schnittspuren auf und wurde offenbar als Artefakt zugerichtet. Ein Fragment vom rechten Schienbein eines erwachsenen Mannes vom Hetzenberg diente – nach Gebrauchsspuren zu schließen – zum Glätten von Tongefäßen.

Spuren von Gewalt kennt man auch vom Erdwerk Ilsfeld-Ebene (Kreis Heilbronn) in Baden-Württemberg. Eine 16 bis 18 Jahre alte Jugendliche verlor durch eine „großflächige Schädel-Hirn-Zertrümmerung" auf der linken Seite ihr Leben. Das rechte Schienbein eines erwachsenen Mannes brach durch „stumpfe Gewaltanwendung" von hinten.

Auf dem Michelsberg bei Bruchsal-Untergrombach entdeckte man in zehn Gruben unvollständige Skelettteile von mindestens 34, wenn nicht sogar 46 Menschen. Darunter befanden sich auffällig wenig Schädelreste. Die Mehrzahl der Knochen war schwer beschädigt oder nur fragmentarisch erhalten. An etlichen Knochen ließen sich Spuren von Gewalt nachweisen. Offenbar hatte man die dort Bestatteten getötet. Der Anteil der Knochen von Kindern und Jugendlichen betrug über 14 Prozent. Ein Oberarmknochen vom Michelsberg mit einem verdächtig abgerundeten Gelenkende" könnte als Artefakt gedient haben. Menschliche Skelettreste kamen auch in Gräben der Erdwerke von Munzingen und Urmitz (Kreis Mayen-Koblenz) zum Vorschein. In Urmitz hatte man darin drei Menschen bestattet. Auf dem ebenfalls schon erwähnten Altenberg bei Heidelsheim enthielten schmale Gräben Schädelreste von mindestens 20 Menschen.

In Inningen (Kreis Augsburg) in Bayern entdeckte man 1937 auf dem Gelände einer Ziegelei vier Gräber der Michelsberger Kultur. Eines davon barg sechs komplette Skelette, dazu weitere nicht zu diesen gehörende Skelettreste. Zwischen diesen Bestattungen lagen die Knochen mehrerer Tiere, wie

Rekonstruktion eines Kriegers aus der Jungsteinzeit
von Spiennes in Belgien. In Spiennes wurde Feuerstein in großem Stil
unterirdisch abgebaut.
Foto: Wellcome Collection / Photo Number M0001116 / CC-BY-4.0
(via Wikimedia Commons),
lizensiert unter CreativeCommons-Lizenz by-4.0-de,
https://creativecommons.org/licenses/by/4.0/legalcode

man – wie Verletzungen am Schädel zeigen – erschlagen hatte.
Viel-leicht sollten diese getöteten Tiere im Jenseits als
Wegzehrung dienen.

Reguläre Bestattungen in Gräbern fand man unter anderem
in Stuttgart, Hofheim (Main-Taunus-Kreis) in Hessen sowie
in Bad Kreuznach in Rheinland-Pfalz. Die dort beerdigten
Toten ruhten in gestreckter Rückenlage oder mit zum Körper
angezogenen Beinen (Hocker) und hatten verschiedene
Formen von Tongefäßen (Becher, Schöpflöffel, Schüsseln) als
Beigaben bei sich. Derartige Bestattungen dürften aber in der
Michels-berger Kultur eher die Ausnahme gewesen sein. Meist
fand man die menschlichen Skelettreste ohne intakten Zusam-
menhang.

Die Ausgrabungen in der Jungfernhöhle bei Tiefenellern (Kreis
Bamberg) in Bayern verweisen darauf, dass die Michelsberger
Leute manchmal Skelettreste auch in Höhlen warfen oder sie
verbrannten.

Viele der in Erdwerken entdeckten menschlichen Skelettreste
weisen Gewalt- und Bissspuren auf. Die getöteten Menschen
lagen vermutlich zunächst ungeschützt und für Tiere zugänglich, bevor einzelne Skelettteile in Gräben deponiert
wurden. Verbissspuren an den Knochen von Verstorbenen
weisen auf Hunde hin. Andere Beobachtungen deuten auf einen
Schädelkult hin. Man hatte die verwitterten Schädel von zwei
jungen Frauen im Erdwerk Bruchsal-Aue am Hinterhauptsloch
erweitert und möglicherweise auf Pfähle gesteckt. Makaber ist
der herauspräparierte Gesichtsschädel einer jungen Frau von
Bruchsal-Aue, der als Maske gedient haben könnte.

Die Art der Bestattungen der Michelsberger Kultur erlaubt
womöglich gewisse Rückschlüsse auf die damalige Religion.
Die häufig nur fragmentarisch erhaltenen Skelette lassen sich
auch damit erklären, dass die Michelsberger Leute über-

Erdöl-Bilderreihe Nr. 117 Bild 3

Erdwerk der Michelsberger Kultur von Urmitz am Rhein.
Gemälde von Gerhard Beuthner (1867–nach 1935),
veröffentlicht in dem Erdal-Bilderbuch „Aus Deutschlands Vorzeit"
(1937) von Erich Lissner (1902–1980)

irdischen Mächten Menschenopfer darbrachten und dabei einen rituell motivierten Kannibalismus praktizierten. Als Anhaltspunkte für diese Überlegungen dienen vor allem die erwähnten Skelettreste von Bruchsal-Heidelsheim. Dort hatte man eigens schmale Gräben für rituelle Zwecke geschaffen. Auffälligerweise stammen zwei Drittel der darin entdeckten Knochen vermutlich von weiblichen Personen. Dieser Befund stimmt mit den Beobachtungen aus der Jungfernhöhle bei Tiefenellern überein, die zuvor schon Ackerbauern der Linienbandkeramischen Kultur (etwa 5.500 bis 4.900 v. Chr.) als Opferheiligtum gedient hatte.

Spuren von Kannibalismus der Michelsberger Leute kennt man außerdem von den belgischen Fundorten Furfooz und Spiennes. In einer kleinen Höhle am Fuße eines Felsens bei Furfooz (Provinz Namur) wurden Skelette von 16 Menschen entdeckt. An mindestens 50 Knochen konnte man Schnittspuren beobachten, die offenbar vom Entfernen des Fleisches herrührten. In sechs Gruben des schon erwähnten Feuerstein-Abbaugebietes von Spiennes ruhte jeweils ein einzelner menschlicher Schädel oder Teile davon – und zwar stets ohne Unterkiefer. Diese Schädelreste werden als Teilbestattungen von Skeletten gedeutet, deren Weichteile vorher entfernt worden waren.

Die Michelsberger Ackerbauern und Viehzüchter brachten diese Menschenopfer möglicherweise dar, um die von ihnen verehrten Gottheiten um das Gedeihen der Ernte und das Wohl des Viehs zu bitten.

Autor Ernst Probst,
Foto: Klaus Benz, Fotograf, Mainz-Lauenheim

Der Autor

Ernst Probst, geboren am 20. Januar 1946 in Neunburg vorm Wald im bayerischen Regierungsbezirk Oberpfalz, ist Journalist und Wissenschaftsautor. Er arbeitete von 1968 bis 1971 bei den „Nürnberger Nachrichten", von 1971 bis 1973 in der Zentralredaktion des „Ring Nordbayerischer Tageszeitungen" in Bayreuth und von 1973 bis 2001 bei der „Allgemeinen Zeitung", Mainz. In seiner Freizeit schrieb er Artikel für die „Frankfurter Allgemeine Zeitung", „Süddeutsche Zeitung", „Die Welt", „Frankfurter Rundschau", „Neue Zürcher Zeitung", „Tages-Anzeiger", Zürich, „Salzburger Nachrichten", „Die Zeit", „Rheinischer Merkur", „Deutsches Allgemeines Sonntagsblatt", „bild der wissenschaft", „kosmos", „Deutsche Presse-Agentur" (dpa), „Associated Press" (AP) und den „Deutschen Forschungsdienst" (df). Aus seiner Feder stammen die Bücher „Deutschland in der Urzeit" (1986), „Deutschland in der Steinzeit" (1991), „Rekorde der Urzeit" (1992), „Dinosaurier in Deutschland" (1993 zusammen mit Raymund Windolf) und „Deutschland in der Bronzezeit" (1996). Von 2001 bis 2006 betätigte sich Ernst Probst als Buchverleger sowie zeitweise als internationaler Fossilienhändler und Antiquitätenhändler. Insgesamt veröffentlichte er mehr als 300 Bücher, Taschenbücher, Broschüren und über 300 E-Books.

Bücher von Ernst Probst

(Auswahl)

Als Mainz im Meer lag
Als Mainz noch nicht am Rhein lag
Das Mammut- Mit Zeichnungen von Shuhei Tamura
Der Europäische Jaguar
Der Mosbacher Löwe. Die riesige Raubkatze aus
Wiesbaden
Der Rhein-Elefant. Das Schreckenstier von Eppelsheim
Der Ur-Rhein. Rheinhessen vor zehn Millionen Jahren
Deutschland im Eiszeitalter
Deutschland in der Frühbronzezeit
Deutschland in der Mittelbronzezeit
Deutschland in der Spätbronzezeit
Die Aunjetitzer Kultur in Deutschland
Die Straubinger Kultur in Deutschland
Die Singener Gruppe
Die Arbon-Kultur in Deutschland
Die Ries-Gruppe und die Neckar-Gruppe
Die Adlerberg-Kultur
Der Sögel-Wohlde-Kreis
Die nordische Bronzezeit in Deutschland
Die Hügelgräber-Kultur in Deutschland
Die ältere Bronzezeit in Nordrhein-Westfalen
Die Bronzezeit in der Lüneburger Heide
Die Stader Gruppe
Die Oldenburg-emsländische Gruppe
Die Urnenfelder-Kultur in Deutschland

Österreich in der Mittelbronzezeit
Österreich in der Spätbronzezeit
Raub-Dinosaurier von A bis Z. Mit Zeichnungen von
Dmitry Bogdanav und Nobu Tamura
Rekorde der Urmenschen. Erfindungen, Kunst und
Religion
Rekorde der Urzeit. Landschaften, Pflanzen und Tiere
Säbelzahnkatzen. Von Machairodus bis zu Smilodon
Säbelzahntiger am Ur-Rhein. Machairodus und
Paramachairodus
Was ist ein Menhir? Interview mit dem Mainzer
Archäologen Dr. Detert Zylmann
Wer ist der kleinste Dinosaurier? Interviews mit dem
Wissenschaftsautor Ernst Probst
Wer war der Stammvater der Insekten? Interview mit dem
Stuttgarter Biologen und Paläontologen Dr. Günther Bechly
6000 Jahre Kastel. Von der Steinzeit bis zum 21.
Jahrhundert
5000 Jahre Kostheim. Von der Steinzeit bis zum 21.
Jahrhundert
Kastel in der Vorzeit. Von der Jungsteinzeit bis Christi
Geburt
Kostheim in der Vorzeit. Von der Jungsteinzeit bis Christi
Geburt
Wiesbaden in der Steinzeit
Anno 1.000.000. Deutschland in der älteren Altsteinzeit
Das Protoacheuléen. Eine Kulturstufe der Altsteinzeit
vor etwa 1,2 Millionen bis 600.000 Jahren
Das Altacheuléen. Eine Kulturstufe der Altsteinzeit
vor etwa 600.000 bis 350.000 Jahren
Das Jungacheuléen. Eine Kulturstufe der Altsteinzeit vor etwa

350.000 bis 150.000 Jahren
Das Spätacheuléen. Eine Kulturstufe der Altsteinzeit
vor etwa 150.000 bis 100.000 Jahren
Die Lanze von Lehringen. Der Jahrhundertfund
aus der Altstenzeit
Das Moustérien – Die große Zeit der Neanderthaler
Das Aurignacien. Eine Kulturstufe der Altsteinzeit
vor etwa 40.000 bis 31.000 Jahren
Das Gravettien. Eine Kulturstufe der Altsteinzeit
vor etwa 35.000 bis 24.000 Jahren
Das Magdalénien. Die Blütezeit der Rentierjäger
vor etwa 18.000 bis 14.000 Jahren
Die Hamburger Kultur. Eine Kulturstufe der Altsteinzeit
vor etwa 15.700 bis 14.200 Jahren
Die Federmesser-Gruppen. Eine Kulturstufe der
Altsteinzeit vor etwa 14.000 bis 12.800 Jahren
Das Steinzeit-Grab von Bonn-Oberkassel. Ein rätselhafter
Fund aus der Zeit der Federmesser-Gruppen
Die Ahrensburger Kultur. Eine Kulturstufe der Altsteinzeit
vor etwa 12.700 bis 11.650 Jahren
Die Altsteinzeit in Österreich., Jäger und Sammler
vor 250.000 bis 10.000 Jahren
Das Jungacheuléen in Österreich
Das Moustérien in Österreich
Das Aurignacien in Österreich
Das Gravettien in Österreich
Das Magdalénien in Österreich
Das Magdalénien in der Schweiz
Die Mittelsteinzeit
Deutschland in der Mittelsteinzeit
Die Mittelsteinzeit in Baden-Württemberg

Die Altheimer Kultur / Die Pollinger Gruppe. Zwei
Kulturen der Jungsteinzeit vor etwa 3.900 bis 3.500 v. Chr.
Die Salzmünder Kultur. Eine Kultur der Jungsteinzeit vor
etwa 3.700 bis 3.200 v. Chr.
Die Chamer Gruppe. Eine Kulturstufe der Jungsteinzeit vor
etwa 3.500 bis 2.800 v. Chr.
Die Wartberg-Kultur. Eine Kultur der Jungsteinzeit vor
etwa 3.500 bis 2.800 v. Chr.
Die Walternienburg-Bernburger Kultur. Eine Kultur der
Jungsteinzeit vor etwa 3.200 bis 2.800 v. Chr.
Die Kugelamphoren-Kultur. Eine Kultur der Jungsteinzeit
vor etwa 3.100 bis 2.700 v. Chr.
Die Schnurkeramischen Kulturen. Kulturen der
Jungsteinzeit von etwa 2.800 bis 2.400 v. Chr.
Die Einzelgrab-Kultur. Eine Kultur der Jungsteinzeit vor
etwa 2.800 bis 2.300 v. Chr.
Die Schönfelder Kultur. Eine Kultur der Jungsteinzeit vor
etwa 2.800 bis 2.200 v. Chr.
Die Glockenbecher-Kultur. Eine Kultur der Jungsteinzeit
vor etwa 2.500 bis 2.200 v. Chr.
Die ersten Bauern in Österreich. Die Linienbandkeramische
Kultur vor etwa 5.500 bis 4.900 v. Chr.
Die Lengyel-Kultur in Österreich. Eine Kultur der
Jungsteinzeit vor etwa 4.900 bis 4.400 v. Chr.
Die Mondsee-Gruppe. Eine Kulturstufe der Jungsteinzeit
vor etwa 3.700 bis 2.900 v. Chr.
Die Badener Kultur in Österreich. Eine Kultur der
Jungsteinzeit vor etwa 3.600 bis 2.900 v. Chr.
Die ersten Pfahlbauten in der Schweiz. Die Anfänge der
Pfahlbauforschung und die Egolzwiler Kultur
Die Cortaillod-Kultur. Eine Kultur der Jungsteinzeit vor

etwa 4.000 bis 3.500 v. Chr.
Die Pfyner Kultur in der Schweiz. Eine Kultur der
Jungsteinzeit vor etwa 4.000 bis 3.500 v. Chr.
Die Horgener Kultur in der Schweiz. Eine Kultur der
Jungsteinzeit vor etwa 3.500 bis 2.800 v. Chr.
Die Schnurkeramiker in der Schweiz. Eine Kultur der
Jungsteinzeit vor etwa 2.800 bis 2.400 v. Chr.

www.ingramcontent.com/pod-product-compliance
Lightning Source LLC
Chambersburg PA
CBHW072259170526
45158CB00003BA/1109

* 9 7 8 1 0 9 0 2 9 5 4 5 3 *